中国热带农业科学院　中国热带作物学会　组织编写

密克罗尼西亚常见植物图鉴系列丛书

总主编：刘国道

General Editor：Liu Guodao

密克罗尼西亚联邦
花卉植物图鉴

Field Guide to Flowers and Ornamental Plants in FSM

杨光穗　谌　振　刘少姗　主编

Editors in Chief：Yang Guangsui　Shen Zhen　Liu Shaoshan

中国农业科学技术出版社

图书在版编目（CIP）数据

密克罗尼西亚联邦花卉植物图鉴 / 杨光穗，谌振，刘少姗主编 . —北京：中国农业科学技术出版社，2019.4
（密克罗尼西亚常见植物图鉴系列丛书 / 刘国道主编）
ISBN 978-7-5116-4139-7

Ⅰ.①密… Ⅱ.①杨… ②谌… ③刘… Ⅲ.①花卉—种质资源—密克罗尼西亚联邦—图集 Ⅳ.① S68-64

中国版本图书馆 CIP 数据核字（2019）第 072228 号

责任编辑　　徐定娜
责任校对　　贾海霞

出 版 者　　中国农业科学技术出版社
　　　　　　北京市中关村南大街 12 号　　邮编：100081
电　　话　　（010）82109707（编辑室）（010）82109702（发行部）
　　　　　　（010）82109709（读者服务部）
传　　真　　（010）82109707
网　　址　　http://www.castp.cn
发　　行　　各地新华书店
印 刷 者　　北京科信印刷有限公司
开　　本　　787 mm×1 092 mm　1 /16
印　　张　　8.75
字　　数　　203 千字
版　　次　　2019 年 4 月第 1 版　2019 年 4 月第 1 次印刷
定　　价　　68.00 元

被子植物门
Angiospermae

● 唇形科（Labiatae）

彩叶草

拉丁名： *Plectranthus scutellarioides*

分类地位： 唇形科鞘蕊花属

形态特征： 直立草本。茎通常紫色，四棱形，被微柔毛，具分枝。叶膜质，其大小、形状及色泽变异很大，通常卵圆形，先端钝至短渐尖，基部宽楔形至圆形，边缘具圆齿状锯齿或圆齿，色泽多样，有黄、暗红、紫色及绿色，两面被微柔毛。轮伞花序多花，花冠浅紫至紫或蓝色。小坚果宽卵圆形或圆形，压扁，褐色，具光泽。

用途： 彩叶草的色彩鲜艳、品种甚多、繁殖容易，为应用较广的观叶花卉，常用于观叶花卉盆栽或种植于花坛、路旁，也可作为切花配叶使用。

● 大戟科（Euphorbiaceae）

虎刺梅

拉丁名：*Euphorbia milii*

分类地位：大戟科大戟属

形态特征：蔓生灌木植物。茎多分枝，具纵棱，密生硬而尖的锥状刺，叶互生，通常集中于嫩枝上，倒卵形或长圆状匙形，长1.5~5.0厘米，宽0.8~1.8厘米，先端圆，具小尖头，基部渐狭，全缘；无柄或近无柄；托叶钻形，极细，早落。二歧状复花序，生于枝上部叶腋，具有红色、粉红色、黄色、白色苞片，鲜艳夺目。蒴果三棱状卵形，平滑无毛。种子卵柱状，灰褐色，具微小的疣点。花果期全年。

　　盆栽观赏，刺篱等。虎刺梅是深受欢迎的盆栽植物，常用来绑扎孔雀等造型，成为宾馆、商场等公共场所摆设的精品。可药用。

琴叶珊瑚

拉丁名： *Jatropha integerrima*

中文别名： 变叶珊瑚花、琴叶樱、南洋樱、日日樱

分类地位： 大戟科麻风树属

形态特征： 灌木或小乔木，株高 1~2 米。单叶互生，倒阔披针形，常丛生于枝条顶端。叶端渐尖，叶面为浓绿色，叶背为紫绿色，叶柄具茸毛，叶面平滑。聚伞花序，花瓣 5 片，花冠红色，单性花，雌雄同株，着生于不同的花序上；另有粉红品种。春季至秋季开花。

用途： 庭园常见的观赏花卉，被广泛应用于景观上。适合庭植或大型盆栽。

猩猩草

拉丁名： *Euphorbia cyathophora*

中文别名： 老来娇、草本象牙红、草本一品红

分类地位： 大戟科一品红属

形态特征： 多年生草本植物。根圆柱状，基部有时木质化。茎直立，上部多分枝，高可达1米，光滑无毛。叶互生，卵形、椭圆形或卵状椭圆形，先端尖或圆，边缘波状分裂或具波状齿或全缘，尤毛；花序单生，数枚聚伞状排列于分枝顶端，总苞钟状，绿色，雄花多枚，常伸出总苞之外。开花时枝顶节间变短，簇生红色苞片，向四周放射而出，苞片和叶片相似，是主要观赏部位。

用途： 常用作花境或空隙地的背景材料，也可作盆栽和切花材料。

狗尾红

拉丁名：*Acalypha hispida*

分类地位：大戟科铁苋菜属

形态特征：常绿灌木，高 0.5~3 米，原产地可高达 3 米，盆栽不超过 1 米；嫩枝被灰色短绒毛，毛逐渐脱落，小枝无毛。叶纸质，单叶互生，阔卵形或卵形，顶端渐尖或急尖。穗状花序生于叶腋，呈圆柱状下垂，长 30~60 厘米，鲜红色或暗红色，花小，无花瓣，单性。花期 2—11 月。

用途：广泛栽培为庭园观赏植物，在中国北方通常作为温室盆花栽培，一般盆栽时高不过 1 米。

变叶木

拉丁名：*Codiaeum variegatum*

分类地位：大戟科变叶木属

形态特征：灌木或小乔木，高可达 2 米。枝条无毛。叶薄革质，形状大小变异很大，常见的有阔卵形、线形、戟形。基部楔形、两面无毛，色泽丰富，绿色、淡绿色、紫红色、紫红与黄色相间、绿色叶片上散生黄色或金黄色斑点或斑纹；叶柄长 0.2~2.5 厘米。总状花序腋生，雄花白色；花梗纤细；雌花淡黄色，无花瓣；花盘环状，花往外弯；花梗稍粗。蒴果近球形，无毛；种子长约 6 毫米。花期 9—10 月。

用途：热带、亚热带地区常见的庭院或公园观叶植物，园艺品种繁多。

红　桑

拉丁名：*Acalypha wikesiana*

中文别名：血见愁、海蚌念珠、叶里藏珠

分类地位：大戟科铁苋菜属

形态特征：灌木，高 1~4 米；嫩枝被短毛。叶纸质，阔卵形，古铜绿色或浅红色，常有不规则的红色或紫色斑块顶端渐尖，基部圆钝，边缘具粗圆锯齿，下面沿叶脉具疏毛；托叶狭三角形，具短毛。

用途：热带、亚热带地区常见的庭园、道路或公园观叶植物。有药用功能，用于肠炎、痢疾、便血、尿血等；外治痈疖疮疡、皮炎湿疹。

● 豆 科（Leguminosae）

洋金凤

拉丁名：*Caesalpinia pulcherrima*

中文别名：黄金凤、蛱蝶花、黄蝴蝶、红蝴蝶

当地名：Yapese: sowur

Kosrae: alder

Pohnpei: kiepw

分类地位：豆科云实属

形态特征：大灌木或小乔木；高达 3 米，枝绿或粉绿色，有疏刺。二回羽状复叶 4 对至 8 对，对生，小叶 7 对至 11 对，长椭圆形或倒卵形，基部歪斜，顶端凹缺，小叶柄很短。总状花序顶生或腋生，花瓣圆形具柄，红色、金黄色、淡黄色等，多见黄、红复色品种，花梗长达 7 厘米。荚果黑色。种子 6 颗至 9 颗。花果期几乎全年。

用途：花冠橙红色，边缘金黄色，是热带地区很有价值的观赏树木。种子入药，有活血通经之效。

苏里南朱缨花

拉丁名：*Calliandra surinamensis*

中文别名：黄金凤、蛱蝶花、黄蝴蝶、红蝴蝶

分类地位：豆科朱缨花属

形态特征：落叶灌木或小乔木；枝条扩展，小枝褐色，粗糙。托叶卵状披针形，宿存。头状花序腋生，有花 25~40 朵，总花梗长 1~3.5 厘米；花萼绿色；花冠淡紫红色，顶端裂片无毛；雄蕊突露于花冠之外，雄蕊白色，管口内有钻状附属体，上部离生的花丝深红色。荚果线状倒披针形，暗棕色，成熟时由顶至基部沿缝线开裂，果瓣外翻；种子长圆形，棕色。花期 8—9 月；果期 10—11 月。

用途：优良的观花树种，适宜在园林绿地中栽植。

凤凰木

拉丁名：*Delonix regia*

中文别名：金凤花、红花楹树、火树、洋楹

分类地位：豆科凤凰木属

形态特征：落叶乔木，高可达 20 米。树冠宽广。二回羽状复叶，小叶长椭圆形。夏季开花，伞房状总状花序顶生或腋生；花大而美丽，直径 7~10 厘米，鲜红至橙红色。荚果木质，长可达 50 厘米。

用途：是极好的庭院树种。凤凰木是非洲马达加斯加共和国的国树，也是中国福建厦门市、台湾台南市、四川攀枝花市的市树，广东汕头市的市花，民国时期广东湛江市的市花，汕头大学、厦门大学的校花。

● 凤仙花科（Balsaminaceae）

凤仙花

拉丁名： *Impatiens balsamina*

中文别名： 指甲花、凤仙透骨草

分类地位： 凤仙花科凤仙花属

形态特征： 一年生草本。茎粗壮，肉质，直立，分支较少。叶互生，最下部叶有时对生；叶片披针形、狭椭圆形，先端渐尖，基部楔形，边缘有锐锯齿，向基部常有数对无柄黑色腺体，两面无毛或被疏柔毛。花单生或2~3朵簇生于叶腋，白色、白黄、粉红、大红、洒金或紫色，单瓣或重瓣。蒴果宽纺锤形。花期7—10月。

用途： 常应用于花坛、庭院、道路两旁等。可入药，主要用于治疗风湿性关节痛。花瓣汁液有天然红棕色素，可以用来给人体染色。

● 夹竹桃科（Apocynaceae）

鸡蛋花

拉丁名：*Plumeria rubra* forma. *Acutifolia*

中文别名：缅栀子、蛋黄花、大季花、印度素馨

英文名：plumeria

当地名：Yapese: sawur

Kosrae: sruhsrah

Pohnpei: sawhn

分类地位：夹竹桃科鸡蛋花属

形态特征：落叶小乔木，高约 5 米，胸径 15~20 厘米；枝条肉质，具丰富乳汁。叶厚纸质，长圆状倒披针形或长椭圆形，基部狭楔形，叶端渐尖；叶面深绿色，叶背浅绿色，两面无毛；中脉在叶面凹入，在叶背略凸起，侧脉两面扁平，每边 30~40 条，未达叶缘网结成边脉；叶柄长 4~7.5 厘米，上面基部具腺体，无毛。花朵中间多为黄色，四周为白色、粉色或双色。另有红花品种为鸡蛋花杂交种。

用途：鸡蛋花被佛教寺院定为"五树六花"之一而被广泛栽植，故又名"庙树"或"塔树"。适合于庭院、草地中栽植，也可盆栽，有很强的观赏性。可入药，主治感冒发热，肺热咳嗽，湿热黄疸，泄泻痢疾，尿路结石，预防中暑。

纯黄鸡蛋花

拉丁名：*Plumeria rubra* cv. 'Gold'

中文别名：黄缅栀

英文名：plumeria

当地名：Yapese: sawur

Kosrae: sruhsrah orangrang

Pohnpei: sawhn

分类地位：夹竹桃科鸡蛋花属

形态特征：落叶小乔木，叶片长椭圆形，叶端急尖；花瓣幼嫩时红色，盛开后纯黄色。其他形态特征与鸡蛋花一致。

用途：同鸡蛋花。

白花鸡蛋花

拉丁名：*Plumeria rubra* forma. *Acutifolia*

中文别名：缅栀子、蛋黄花、大季花、印度素馨

英文名：plumeria

当地名：Yapese: sawur

Kosrae: sruhsrah

Pohnpei: sawhn

分类地位：夹竹桃科鸡蛋花属

形态特征：落叶小乔木，叶片长椭圆形，叶端圆润或小急尖；花瓣纯白仅基部少量黄色。其他形态特征与鸡蛋花一致。

用途：同鸡蛋花。

缅雪花

拉丁名：*Plumeria pudica*

中文别名：戟叶鸡蛋花、戟叶缅栀、匙叶缅栀

分类地位：夹竹桃科鸡蛋花属

形态特征：落叶小乔木，枝条粗壮，带肉质，具丰富乳汁，绿色，无毛。叶厚纸质，簇生枝端，戟形或匙形，叶面深绿色，叶背浅绿色，两面无毛；中脉在叶面凹入，在叶背略凸起，侧脉两面扁平，未达叶缘网结成边脉。聚伞花序顶生，总花梗三歧，肉质，绿色；花梗淡红色；花冠外面白色，花冠筒外面及裂片外面左边略带淡红色斑纹，花冠内面黄色。花期5—10月。

用途：公园、庭院观赏树种，亦可作绿篱。

夹竹桃

拉丁名：*Nerium indicum*

中文别名：红花夹竹桃、柳叶桃树、洋桃、叫出冬、柳叶树、洋桃梅、枸那

分类地位：夹竹桃科夹竹桃属

形态特征：常绿直立大灌木，高可达5米，枝条灰绿色，嫩枝条具稜，被微毛，老时毛脱落。叶3~4枚轮生，叶面深绿，叶背浅绿色，中脉在叶面陷入，叶柄扁平，聚伞花序顶生，花冠深红色或粉红色，花冠为单瓣呈5裂时，其花冠为漏斗状，种子长圆形，花期几乎全年，夏秋为最盛；果期一般在冬春季，栽培很少结果。

用途：花大、艳丽、花期长，常作公园、庭园、道路观赏。茎皮纤维为优良混纺原料；种子含油量约为58.5%，可榨油供制润滑油。叶、树皮、根、花、种子均含有多种配醣体，毒性极强，人、畜误食能致死。叶、茎皮可提制强心剂，但有毒，用时需慎重。

黄花夹竹桃

拉丁名： Thevetia peruviana.

当地名： 酒杯花、柳木子、黄花状元竹

分类地位： 夹竹桃科黄花夹竹桃属

形态特征： 常绿乔木植物。高达 5 米，全株无毛，树皮棕褐色；叶互生，近革质，线形或线状披针形；花大，黄色，具香味，顶生聚伞花序；核果扁三角状球形；花期5—12 月。

用途： 叶形纤细，花朵黄色，鲜艳夺目，可用于公园、庭园绿化观赏。全株有毒。

长春花

拉丁名：*Catharanthus roseus*

中文别名：金盏草、四时春、日日新、雁头红、三万花

分类地位：夹竹桃科长春花属

形态特征：亚灌木，略有分枝，高达 60 厘米，有水液，全株无毛或仅有微毛；茎近方形，有条纹，灰绿色；节间长 1~3.5 厘米。叶膜质，倒卵状长圆形，先端浑圆，有短尖头，基部广楔形至楔形，渐狭而成叶柄；叶脉在叶面扁平，在叶背略隆起，侧脉约 8 对。聚伞花序腋生或顶生，有花 2~3 朵，花萼 5 深裂；花冠红色，高脚碟状，花冠筒圆筒状，喉部紧缩，具刚毛；雄蕊着生于花冠筒的上半部，但花药隐藏于花喉之内，与柱头离生。花色艳丽，有白、粉红、大红、黄等。

用途：常见的绿化、庭院观赏草本花卉。全草入药可止痛、消炎、安眠、通便及利尿等。

黄　蝉

拉丁名：Allamanda neriifolia

英文名：Yellow allamanda

分类地位：夹竹桃科黄蝉属

形态特征：常绿灌木，茎蔓性或直立。叶 3 片至 5 片轮生，叶片椭圆形或倒披针状矩圆形，被有短柔毛。聚伞花序，花朵金黄色，喉部有橙红色条纹，花冠阔漏斗形，有裂片 5 枚，并向左或向右重叠，花冠基部膨大，内部着生雄蕊 5 枚，不明显。蒴果球形，有长刺。花期 5—6 月。

用途：用于庭园绿化，植株浓密，叶色碧绿，花朵明快灿烂，非常醒目；也适宜作大中型盆栽，装饰客厅、阳台、公园等。

紫 蝉

拉丁名：*Allamanda violacea*

分类地位：夹竹桃科黄蝉属

形态特征：常绿灌木，茎呈蔓性或直立，全株有白色体液。叶4枚轮生，长椭圆形或倒卵状披针形。春末至秋季开花，腋生，漏斗形，花冠5裂，花色暗桃红色或淡紫红色，柔美悦目。

用途：用于庭园绿化，植株浓密，叶色碧绿，花朵明快灿烂，非常醒目；也适宜作大中型盆栽，装饰客厅、阳台、公园等。

橡胶紫茉莉

拉丁名：*Cryptostegia* sp.

中文别名：橡胶藤

分类地位：夹竹桃科桉叶藤属

形态特征：木本多年生藤本植物，因包含可利用的乳胶，因而得名。

用途：主要作为道路、庭院和公园的绿化、美化，具有潜力的产胶树种。

● 姜 科（Zingiberaceae）

姜 黄

拉丁名：*Curcuma longa*

分类地位：姜科姜黄属

形态特征：多年生草本植物，根茎很发达，根粗壮，末端膨大呈块根；叶片长圆形或椭圆形，叶顶端短渐尖。花葶由叶鞘内抽出，穗状花序圆柱状，苞片卵形或长圆形，淡绿色，上部苞片内无花，白色，边缘染淡红晕；花冠淡黄色或白色；花期8月。

用途：可用于公园和庭院林下观赏种植，根茎是中药材"姜黄"的来源之一，又可提取黄色食用染料。

澳洲姜黄

拉丁名：*Curcuma australasica*

分类地位：姜科姜黄属

形态特征：多年生草本植物，苞片绿色、淡绿色，顶端紫红色；上部苞片紫红色或间有白色、粉色条纹，基部白色。其他形态特征与姜黄基本一致。

用途：主要作为观赏植物。

红球姜

拉丁名：*Zingiber zerumbet*

分类地位：姜科姜属

形态特征：多年生草本植物，根茎块状，株高可达2米。叶片披针形至长圆状披针形，无柄或短柄；花序球果状，顶端钝，苞片覆瓦状排列，紧密，近圆形，初时淡绿色，后变红色，边缘膜质，花萼膜质，花冠管纤细，裂片披针形，淡黄色，唇瓣淡黄色，侧裂片倒卵形，蒴果椭圆形，种子黑色。7—9月开花。

用途：主要作为切花，也可以作为庭院花卉。

红花月桃

拉丁名：*Alpinia purpurata*

中文别名：紫苞山姜

分类地位：姜科山姜属

形态特征：草本植物，植株较粗壮，株高 0.8~2.5 米；叶片中等大小，披针形，顶端具尾状细尖头，无毛。圆锥花序，长 15~30 厘米，苞片盾状，小苞片壳状，红色或紫红色。

用途：公园、庭院种植的观赏花卉。

姜　花

拉丁名：*Hedychium coronarium*

中文别名：白花蝴蝶姜

分类地位：姜科姜花属

形态特征：草本植物，高 1~2 米，叶序互生，叶片长狭，两端尖，叶面秃，叶背略带薄毛。花序为穗状，花萼管状，苞片呈覆瓦状排列，卵圆形，绿色；花瓣白色，基部黄色，顶端二裂。不耐寒，喜冬季温暖、夏季湿润环境，抗旱能力差。

用途：湿地、庭院观赏植物。根茎及果实入药，根茎中药名为路边姜，味辛，性温。

红姜花

拉丁名：*Hedychium coronarium*

分类地位：姜科姜花属

形态特征：是姜花的红花品种。草本植物，高 1~2 米，叶序互生，叶片长狭，两端尖，叶面秃，叶背略带薄毛。花序为穗状，花萼管状，苞片呈覆瓦状排列，卵圆形，绿色，花瓣淡红色。不耐寒，喜冬季温暖、夏季湿润环境，抗旱能力差。

用途：可用作湿地、庭院观赏植物。根茎及果实入药，根茎中药名为路边姜，味辛，性温。

闭鞘姜

拉丁名：*Costus* sp.

分类地位：姜科闭鞘姜属

形态特征：多年生草本，株高 1~3 米，基部近木质，顶部常分枝，旋卷。叶片长圆形或披针形，顶端渐尖，叶背密被绢毛。穗状花序顶生，苞片卵形，革质，红色；小苞片长 1.2~1.5 厘米，淡红色；花萼革质，红色；花冠白色或顶部红色；唇瓣宽喇叭形，纯白色。种子黑色，光亮。花期：7—9 月；果期：9—11 月。

用途：主要作为切花。热带地区常种植在公园的林下。

● 金虎尾科（Malpighiaceae）

星果藤

拉丁名：*Trisrellateia australasiae*

中文别名：蔓性金虎尾、三星果

分类地位：金虎尾科三星果属

形态特征：常绿木质藤本，蔓长达 10 米。叶对生，纸质或亚革质，卵形，先端急尖至渐尖，基部圆形至心形，全缘。总状花序顶生或腋生，花鲜黄色。星芒状翅果。花期 8 月，果期 10 月。

用途：可用于观赏。可入药，用于食欲不振、宿食不化及以跌打损伤、肿毒等。

● 锦葵科（Malvaceae）

朱　槿

拉丁名： *Hibiscus rosa-sinensis*

中文别名： 扶桑、佛槿、中国蔷薇

英文名： Rosa of china, China rosa

当地名： Yapese: Folores

Pohnpei: kolou

分类地位： 锦葵科木槿属

形态特征： 常绿灌木，高 1~3 米；小枝圆柱形，疏被星状柔毛。叶卵形，仅背面叶脉附近有少量毛。花单生于上部叶腋间，常下垂；花冠漏斗形，部分品种重瓣，直径 6~12 厘米，白、红、黄、粉红等多种花色，品种繁多。蒴果卵形，长约 2.5 厘米，平滑无毛，有喙。花期全年。

用途： 花大色艳，四季常开，主供园林观赏用。在全世界，尤其是热带及亚热带地区多有种植。

木芙蓉

拉丁名：*Hibiscus mutabilis*

分类地位：锦葵科木槿属

形态特征：落叶灌木或小乔木，叶宽卵形至圆卵形或心形，花单生于枝端叶腋间，多为重瓣，花初开时白色或淡红色，后变深红色，蒴果扁球形，被淡黄色刚毛和棉毛；种子肾形，背面被长柔毛。

用途：观赏植物，常种植于庭院、公园。

● 桔梗科（Campanulaceae）

同瓣花

拉丁名：*Isotoma axillaris*

中文别名：流星花、腋花同瓣花、醉马草

分类地位：桔梗科同瓣草属

形态特征：多年生直立草本，株高50~80厘米。叶互生，纸质，披针形，花单生叶腋，花冠管长，五裂，白色。全株具乳汁。蒴果椭圆形。

用途：盆栽适合阳台，窗台栽培观赏，或植于合适的路边、花坛欣赏。

● 菊 科（Asteraceae）

百日菊

拉丁名： *Zinnia elegans*

分类地位： 菊科百日菊

形态特征： 一年生草本。茎直立，被糙毛。叶宽卵圆形或长椭圆形，基部稍抱茎，两面粗糙。头状花序，单生枝端；总苞片多层，边缘黑色。舌状花深红色、玫瑰色或白色等；管状花黄色或橙色，先端裂片卵状披针形，上被黄褐色密茸毛。花期6—9月。

有单瓣、重瓣、卷叶、皱叶以及各种花色的园艺品种。

用途： 著名观赏植物，常用于花坛、花镜以及家庭种植。

● 蒟蒻薯科（Taccaceae）

蒟蒻薯

拉丁名： *Tacca leontopetaloides*

中文别名： 老虎须

分类地位： 蒟蒻薯科蒟蒻薯属

形态特征： 多年生草本。叶片轮廓倒卵形、卵形，掌状 3 裂，裂片再作羽状分裂。伞形花序，花淡黄色、黄绿色或紫绿色。

用途： 主要作为奇异观赏植物。块根有毒，不能食用。

● 爵床科（Acanthaceae）

假杜鹃

拉丁名： *Barleria cristata*

分类地位： 爵床科假杜鹃属

形态特征： 小灌木。茎圆柱状，被柔毛，有分枝。叶片纸质，椭圆形、长椭圆形或卵形，短枝有分枝，花在短枝上密集。花的苞片叶形，无柄，小苞片披针形或线形，先端渐尖，具锐尖头有时有小锯齿，齿端具尖刺。 花冠蓝紫色或白色，花冠管圆筒状，喉部渐大，裂片近相等，长圆形；子房扁，长椭圆形，无毛，花盘杯状，包被子房下部，花柱线状无毛，柱头略膨大。蒴果长圆形，两端急尖，无毛。花期11—12月。

用途： 常用于公园片植观赏。全株可入药。

金叶拟美花

拉丁名： *Pseuderanthemum reticulatum*

分类地位： 爵床科钩粉草属

形态特征： 拟美花品种之一。多年生草本，株高 0.5~2.0 米，叶对生，广披针形至倒披针形，叶缘具不规则缺刻。新叶色金黄，后转为黄绿或翠绿，叶缘散布金黄色叶斑，因而得名。花顶生，于春夏季开花，红色或白色。

用途： 适合庭院列植或丛植，也可与其他植物配置，还可以在室内盆栽观赏。

彩叶拟美花

拉丁名：Pseuderanthemum reticulatum

分类地位：爵床科钩粉草属

形态特征：拟美花品种之一。多年生草本，株高 0.5~2.0 米，叶对生，广披针形至倒披针形，叶缘具不规则缺刻。新叶叶脉周围红色，后转为绿色、深绿色。花顶生，于春夏季开花，红色或白色。

用途：适合庭院列植或丛植，也可与其他植物配置，还可以在室内盆栽观赏。

大花老鸭嘴

拉丁名：*Thunbergia grandiflora*

分类地位：爵床科山牵牛属

形态特征：攀援草本或灌木，稀直立，有毛或无毛。单叶，对生，具柄，叶片卵形、披针形、心形或戟形，先端急尖或渐尖，有时圆，具羽状脉、掌状脉或三出脉。花单生或成总状花序，顶生或腋生；花通常大而艳丽，花冠成漏斗状，花冠管短，内弯或偏斜，喉部扩大，冠檐伸展，花粉粒圆球形，花盘成短环状或垫状。

用途：观赏植物，常种植于庭院、公园。

叉柱花

拉丁名：*Staurogyne concinnula*

分类地位：爵床科叉柱花属

形态特征：草本植物，茎极缩短，被长柔毛。叶对生丛生，成莲座状；叶柄极短，被柔毛；叶片匙状长圆形或匙状披针形，先端圆钝，基部渐狭，背面苍白色，被稀疏柔毛，叶脉被长柔毛。总状花序顶生或近顶腋生，疏花，总花梗及花轴纤细，被柔毛。苞片匙状线形，小苞片线形与苞片近等长，花萼黄色至白色，花冠红色，芳香。

用途：观赏植物。

● 苦苣苔科（Gesneriaceae）

金红花

拉丁名：*Alloplectus martius*

分类地位：苦苣苔科金红花属

形态特征：金红花为苦苣苔科多年生常绿草本植物，球根花卉。叶对生，阔披针形，叶面褐绿而有光泽，叶背紫褐色，叶缘有锯齿，叶脉明显而有细皱；花顶生或叶腋出，小花筒状，橙黄色。茎直立，四棱形，黄绿色，略透明。叶对生，长椭圆状披针形，边缘有圆锯齿，叶面长有密

生粗糙的毛，多皱褶，红绿色，有光泽；叶背紫红色。伞形花序腋生，合生成五棱状杯形，顶端急尖，三齿状，胭脂红色。花长筒状，花瓣五裂，半圆形。花朵金红色。

用途：可用于布置花坛、花境和庭院栽植。温带地区多盆栽观赏。种子油是良好的医药用油。是制造醇酸树脂的原料。可入药。

喜荫花

拉丁名：*Episcia cupreata*

中文别名：红桐草、红绳桐

分类地位：苦苣苔科喜荫花属

形态特征：多年生常绿草本植物。多具匍匐性，分枝多。叶对生，呈椭圆形，深绿色或棕褐色，边缘有锯齿，基部心形；叶面多皱并密生茸毛，银白色的中脉从基部至尖端，中脉及支脉两侧呈淡灰绿色，叶背浅绿色，或淡红色。自茎基部叶腋间长出匍匐茎，并沿土面向外伸展；茎顶端长出小植株。花单生或呈小簇生于叶腋间，亮红色，花期春季至秋季。

用途：品种繁多，主要作为室内观赏植物。

● 兰　科（Orchidaceae）

带叶兰

拉丁名： *Taeniophyllum* sp.

分类地位： 兰科带叶兰属

形态特征： 植物体很小，无绿叶，具发达的根。根许多，簇生，稍扁而弯曲，长2~10厘米或更长，粗0.6~1.2毫米，伸展呈蜘蛛状着生于树干表皮。

用途： 小型观赏植物，主要用于家庭盆栽、板植。

黄花寄树兰

拉丁名：*Rodriguezia* sp.

分类地位：兰科寄树兰属

形态特征：茎坚硬，圆柱形，节间长约 2 厘米，下部节上具发达而分枝的根。叶二列，花序与叶对生。圆锥花序密生许多小花，花黄绿色。花期 6—9 月。

用途：小型观赏植物，主要用于家庭盆栽、板植。

星火树兰

拉丁名：*Epidendrum radicans*

分类地位：兰科树兰属

形态特征：茎细长，可达1米，总状花序顶生，花橙黄色，唇瓣基部黄色，布深红色斑点，唇瓣四裂，侧裂片撕裂状。

用途：盆花或庭院绿化。

蜻蜓万代兰

拉丁名：*Aranda hybrid*

分类地位：兰科万代兰属杂交种

形态特征：热带附生兰花，叶片互生，整齐排列，厚革质。花序较长，从叶腋生出，花红色，唇瓣基部及合蕊柱黄色。

用途：观赏兰花，常用于盆花或切花。

老虎蜘蛛兰

拉丁名：*Arachnis* sp.

分类地位：兰科万带兰属

形态特征：附生兰科植物。老虎蜘蛛兰是单轴类茎的洋兰，有明显的茎干和气生根。有发达的肉质气生根。叶片在茎的两侧排成两列，叶片半圆柱形。

用途：盆栽花卉，又能作切花。

卓锦凤蝶兰

拉丁名： *Papilionanthe* 'Miss Joaquim'.

分类地位： 兰科凤蝶兰属

形态特征： 茎细长，植株长可达 2 米，叶片状如铁钉，总状花序，花朵数可达 12 朵，顶部的两个花瓣和花萼是玫瑰紫色，而下半部的 2 侧花萼是淡紫色。

用途： 新加坡国花。盆栽花卉，又能作切花。

苞舌兰

拉丁名：*Spathoglottis plicata*

分类地位：兰科苞舌兰属

形态特征：假鳞茎扁球形，革质鳞片状鞘，顶生 1~3 枚叶。叶带状或狭披针形，先端渐尖，基部收窄为细柄。花葶纤细或粗壮，密布柔毛，下部被数枚紧抱于花序柄的筒状鞘；总状花序，萼片披针形或卵状披针形，被柔毛，花梗和子房密布柔毛，花瓣宽长圆形，与萼片等长，唇瓣约等长于花瓣，先端圆形或截形，花紫红色。

用途：可作为盆栽观赏花卉。假鳞茎可药用。用于肺热咳嗽，咯痰不利，肺痨咯血，疮痈溃烂，跌打损伤。

密克野生苞舌兰

拉丁名： *Spathoglottis micronesia*

分类地位： 兰科苞舌兰属

形态特征： 假鳞茎扁球形，革质鳞片状鞘，顶生 1~3 枚叶。叶带状或狭披针形，先端渐尖，基部收窄为细柄。总状花序，萼片宽大，花瓣宽圆形，唇瓣略短，先端截型，花白色，唇瓣基部黄色。花葶纤细或粗壮，密布柔毛，下部被数枚紧抱于花序柄的筒状鞘。

用途： 盆栽观赏花卉。

密克竹枝石斛

拉丁名：*Dendrobium* sp.

分类地位：兰科石斛属

形态特征：茎直立或垂吊，肉质状肥厚，稍扁的圆柱形，上部多少回折状弯曲，基部明显收狭，不分枝，具多节，节有时稍肿大；节间多少呈倒圆锥形。叶革质，长圆形，基部具抱茎的鞘。

用途：多为观赏花卉，少数可药用。

● 蓼 科（Polygonaceae）

珊瑚藤

拉丁名： *Antigonon leptopus*

中文别名： 紫苞藤、朝日蔓、旭日藤

分类地位： 蓼科珊瑚藤属

形态特征： 常绿木质藤本。其根肥厚，茎蔓攀力强可达 10 米以上。花多数密生成串，呈总状，花期 3—12 月。

用途： 花形娇柔，花期极长，色彩艳丽，繁花满枝，美丽异常，珊瑚藤花繁且具微香，是夏季难得的名花。

● 龙舌兰科（Agavaceae）

朱　蕉

拉丁名：*Cordyline fruticosa*

分类地位：龙舌兰科朱蕉属

形态特征：灌木状，直立，高 1~3 米。叶聚生于茎或枝的上端，矩圆形至矩圆状披针形，长 25~50 厘米，色彩丰富艳丽，绿色、金黄色或带紫红色，叶柄有槽，长 10~30 厘米，基部变宽，抱茎。圆锥花序长 30~60 厘米，侧枝基部有大的苞片，每朵花有 3 枚苞片；花淡红色、青紫色至黄色，长约 1 厘米；花梗通常很短，较少长达 3~4 毫米；外轮花被片下半部紧贴内轮而形成花被筒，上半部在盛开时外弯或反折；雄蕊生于筒的喉部，稍短于花被；花柱细长。花期 11 月至次年 3 月。

用途：盆栽适于室内装饰。丛植应用于道路、庭院、公园绿化美化。

● 旅人蕉科（Strelitziaceae）

鹤　蕉

拉丁名：*Heliconia* spp.

分类地位：旅人蕉科蝎尾蕉属

形态特征：多年生常绿草本植物，地上部由包旋的叶鞘形成假茎丛生，叶与苞同呈二列。叶具柄，叶形与芭蕉相类似，茎由叶柄重叠而成。花苞片具红与黄的色泽，花序直立或下垂，多从株顶抽出，少数从叶腋抽出。折叠成船形的苞片排列于花序的两侧，造型优美，花色大多数都艳丽，萼片从苞片内伸出、极像蝎子的尾巴。每朵花有 3 个萼片与 3 个花瓣，花瓣抱成管状。

用途：客厅、宾馆理想的垂吊装饰插花材料，具有花期长、装饰效果强等特点。亦可丛植作为绿化、观赏植物。

● 马鞭草科（Verbenaceae）

马缨丹

拉丁名：*Lantana camara*

中文别名：山大丹、大红绣球、珊瑚球、臭金凤、如意花、昏花、如意草、土红花、臭牡丹、杀虫花、天兰草、红花刺、婆姐花

分类地位：马鞭草科马缨丹属

形态特征：常绿灌木，高 1~2 米，有时枝条生长呈藤状。茎枝呈四方形，有短柔毛，多数有短而倒钩状刺。单叶对生，卵状长圆形，先端渐尖，基部圆形，两面粗糙有毛，揉烂有强烈的气味。伞形花序腋生于枝梢上部，每个花序 20 多朵花，花冠筒细长，顶端多五裂，状似梅花。花冠颜色多变，黄色、橙黄色、粉红色、深红色。花期较长。果为圆球形浆果，熟时紫黑色。

用途：可用于庭院、道路片植物及盆栽观赏。以根或全株入药。与其他草药配伍可治疗感冒高热、筋伤、皮炎、湿疹瘙痒、腹痛吐泻、小儿嗜睡等。

假连翘

拉丁名：*Duranta repens*

中文别名：番仔刺、篱笆树、洋刺、花墙刺、桐青、白解

分类地位：马鞭草科假连翘属

形态特征：灌木，植株高 1.5~3 米。枝条常下垂，嫩枝有毛。叶对生，叶柄长约 1 厘米，有柔毛；叶片纸质、卵状椭圆形，叶缘中部以上有锯齿。总状花序顶生或腋生，常排成圆锥状；花萼管状，有毛，具 5 棱，先端 5 裂，结果时先端扭曲；花冠蓝色或淡蓝紫色；花柱短于花冠管，子房无毛；核果球形，直径约 5 毫米，熟时红黄色，有光泽，完全包于扩大的宿萼内。花、果期 5—10 月。

用途：常作为绿篱、绿化植物。具有截疟、活血止痛的功效。

龙吐珠

拉丁名: *Clerodendrum thomsonae*

分类地位: 马鞭草科大青属

形态特征: 灌木,幼枝四棱形,被黄褐色短绒毛,老时无毛。叶片纸质,狭卵形或卵状长圆形,顶端渐尖,基部近圆形,全缘;聚伞花序腋生或假顶生,二歧分枝;苞片狭披针形;花萼白色,基部合生,中部膨大,裂片三角状卵形,顶端渐尖;花冠深红色,外被细腺毛,裂片椭圆形。核果近球形,外果皮光亮,棕黑色;宿存萼不增大,红紫色。

用途: 主要用于温室栽培观赏,可作花架,也有作盆栽点缀窗台和夏季小庭院,用于公园或旅游基地砌作花篮、拱门、凉亭和各种图案等造型。可入药,主治疔疮疖肿、跌打肿痛、清热解毒、散瘀消肿。

赪　桐

拉丁名：*Clerodendrum japonicum*

分类地位：马鞭草科大青属

形态特征：落叶灌木，小枝四棱形，有绒毛。叶片圆心形，顶端尖，基部心形，边缘有疏短尖齿。二歧聚伞花序，顶生；花序最后的侧枝呈总状花序，苞片宽卵形、披针形等；花萼红色，有短柔毛；花冠红色，偶见白色。花期 5—11 月。

用途：具有较高观赏价值的盆栽花卉与庭院树种，可片植用于道路美化。亦有药用，祛风理湿、消肿散瘀。

冬 红

拉丁名： *Holmskioldia sanguinea*

中文别名： 阳伞花、帽子花

分类地位： 马鞭草科冬红属

形态特征： 常绿灌木，小枝四棱形，具四槽，被毛。叶对生，膜质，卵形或宽卵形，叶缘有锯齿，两面均有稀疏毛及腺点，叶柄有沟槽。聚伞花序常 2~6 个再组成圆锥状，每聚伞花序有 3 花，花萼朱红色或橙红色，由基部向上扩张成一阔倒圆锥形的碟，直径可达 2 厘米；花冠红色，花冠管有腺点。花期冬末春初。

用途： 主要用于园林绿化或盆栽花卉。

● 美人蕉科（Cannaceae）

美人蕉

拉丁名： *Canna indica*

分类地位： 美人蕉科美人蕉属

形态特征： 美人蕉植株全部绿色。叶片卵状长圆形，总状花序疏花；略超出于叶片之上；花红色，单生；苞片卵形，绿色；萼片3，披针形，绿色而有时染红；花冠管长不及1厘米，花冠裂片披针形，绿色或红色；外轮退化雄蕊3~2枚，鲜红色，其中2枚倒披针形，另一枚如存在则特别小；唇瓣披针形，弯曲；发育雄蕊长2.5厘米，花药室长6毫米；花柱扁平，一半和发育雄蕊的花丝连合。

用途： 花大色艳、色彩丰富，株形好，栽培容易。且现在培育出许多优良品种，观赏价值很高，可盆栽，也可地栽，装饰花坛。可药用。茎叶纤维可制人造棉、织麻袋、搓绳，其叶提取芳香油后的残渣还可作造纸原料。

● 木犀科（Oleaceae）

素馨花

拉丁名： *Jasminum grandiflorum*

分类地位： 木犀科素馨属

形态特征： 攀援灌木，高 1~4 米。小枝圆柱形，具棱或沟。叶对生，羽状深裂或具 5~9 小叶，小叶片卵形或长卵形，顶生小叶片常为窄菱形。聚伞花序顶生或腋生，有花 2~9 朵；花序中间之花的梗明显短于周围之花的梗；花芳香；花冠白色，高脚碟状。花期 8—10 月。

用途： 花芳香而美丽，常栽培供观赏。是巴基斯坦的国花。

● 葡萄科（Vitaceae）

红花火筒树

拉丁名：*Leea indica*

分类地位：葡萄科火筒树属

形态特征：直立灌木。小枝圆柱形，纵棱纹钝，嫩时密被锈色柔毛，以后脱落。叶为1~2回羽状复叶，小叶长椭圆形或椭圆披针形，顶端渐尖或尾尖，基部圆形，边缘有不整齐锯齿，上面绿色，无毛，下面浅绿色，被锈色柔毛。花序与叶对生，复二歧聚伞花序或二级分枝集生成伞形；花冠裂片椭圆形，高1.8~2.5毫米，无毛；花期4—7月。花色鲜红。

用途：可用于公园林下片植。

● 千屈菜科（Lythraceae）

小花紫薇

拉丁名：*Lagerstroemia micrantha*

英文名：Jakaranda

当地名：Kosrae: Mieranfha Fel

分类地位：千屈菜科紫薇属

形态特征：小乔木或灌木；枝圆柱形，无毛。叶纸质，椭圆形或卵形，顶端急尖或渐尖，基部渐狭或近圆形，两侧常不等大，上面黑褐色，下面色较淡，幼嫩时有微小柔毛，后仅沿中脉散生柔毛，密被灰色小柔毛。花小，粉红色或粉色，花芽近球形，边缘钝波形；雄蕊多数，近相等，花丝长约 5 毫米；子房近球形，无毛；花柱长 3~5 毫米。

用途：优良的木本开花地被材料和盆栽花卉，可广泛应用于景观绿化和花卉生产中，是观赏树木的常用树种。

南紫薇

拉丁名：*Lagerstroemia subcostata*

英文名：Jakaranda

当地名：Kosrae: Mieranfha Fel

分类地位：千屈菜科紫薇属

形态特征：落叶乔木或灌木，高可达 14 米；树皮薄，灰白色或茶褐色，无毛或稍被短硬毛。叶膜质，矩圆形，矩圆状披针形，稀卵形，顶端渐尖，基部阔楔形，上面通常无毛或有时散生小柔毛，下面无毛或微被柔毛或沿中脉被短柔毛，有时脉腋间有丛毛。花小，白色或玫瑰色。蒴果椭圆形，种子有翅。

用途：用于庭院或道路绿化，材质坚密，可作家具、细工及建筑用，也可作轻便铁枕木；花供药用，有去毒消瘀之效。

雪茄花

拉丁名：*Cuphea ignea*

中文别名：红丁香、焰红萼距花

分类地位：千屈菜科萼距花属

形态特征：株高30~40厘米，但盆栽约10厘米即能开花。叶对生，披针形，纸质，碧绿色，全缘。花腋生，花朵无瓣，由鲜红色筒状花萼组成。萼筒口呈紫色和白色，形态殊稚，很受喜爱。每支花萼均很持久，几乎全年都能见花，但夏季最盛。

用途：观赏草本，常应用于庭院、花坛、花镜等。

● 茜草科（Rubiaceae）

龙船花

拉丁名：*Ixora* sp.

中文别名：英丹、仙丹花、百日红

英文名：Ixora

当地名：Yapese: gashiyaw

Kosrae: kalsruh

Pohnpei: kefieu

分类地位：茜草科龙船花属

形态特征：灌木，高 0.8~2 米；小枝初时深褐色，有光泽，老时呈灰色。叶对生，有时由于节间极短成 4 枚轮生，披针形、长圆状披针形至长圆状倒披针形，顶端钝或圆形，基部圆形；中脉在上面扁平成略凹入，近叶缘处彼此连结，横脉松散；叶柄极短而粗。花序顶生，多花，具短总花梗；萼管长 1.5~2 毫米，萼檐 4 裂，裂片极短；花冠红色、粉色、黄色、橙色、白花等，顶部 4 裂，裂片倒卵形或近圆形；花丝极短，花药长圆形，长约 2 毫米。果近球形，双生，中间有 1 沟，成熟时红黑色。花期 5—7 月。

用途：株形美观，开花密集，花色丰富，可用于绿篱、道路及庭院绿化，是重要的盆栽木本花卉。缅甸国花。

密克野生龙船花

拉丁名：Ixora *casei*

英文名：Ixora

分类地位：茜草科龙船花属

形态特征：密克罗尼西亚当地林缘常见，小乔木，高 1.5~2.5 米，枝条较长，柔软成藤蔓状，叶对生，长 15~25 厘米，节间不缩短，叶柄较长，其他与龙船花形态特征基本一致。

用途：具有一定的观赏价值。

红纸扇

拉丁名： *Mussaenda erythrophylla*

中文别名： 红玉叶金花、血萼花、红玉叶金花

分类地位： 茜草科玉叶金花属

形态特征： 常绿或半落叶直立性或攀缘状灌木，叶纸质，披针状椭圆形，长 7~9 厘米，宽 4~5 厘米，顶端长渐尖，基部渐窄，两面被稀柔毛，叶脉红色。聚伞花序。花冠五角星状，黄色。一些花的一枚萼片扩大成叶状，深红色，卵圆形，长 3.5~5 厘米。顶端短尖，被红色柔毛，有纵脉 5 条。株高 1~1.5 米。

用途： 主要作庭院、公园及道路片植观赏植物。

白纸扇

拉丁名：*Mussaenda philippica*

分类地位：茜草科玉叶金花属

形态特征：半落叶性常绿灌木，夏至秋季盛花。叶对生，叶片卵状披针形，基部钝形或渐尖形、先端尖或渐尖形、全缘。聚扇花序顶生，萼片 5 深裂，裂片线形、常具 1~2 枚大型叶状苞片、圆形或广卵形，白色或淡黄白色。花期 5—10 月。

用途：主要用于道路两侧绿化、公园或庭院美化等，亦可盆栽观赏。

粉纸扇

拉丁名：*Mussaenda philippica*

分类地位：茜草科玉叶金花属

形态特征：半落叶性常绿灌木，夏至秋季盛花。叶对生，叶片卵状披针形，基部钝形或渐尖形、先端尖或渐尖形、全缘。聚扇花序顶生，萼片 5 深裂，裂片线形、常具 1~2 枚大型叶状苞片、圆形或广卵形，粉色或粉白色。花期 5—10 月。

用途：主要用于道路两侧绿化、公园或庭院美化等，亦可盆栽观赏。

五星花

拉丁名： *Pentas lanceolata*

中文别名： 雨伞花、繁星花、星形花、埃及众星花、草本仙丹花

分类地位： 茜草科五星花属

形态特征： 灌木，高可达70厘米，被毛。叶片卵形、椭圆形或披针状长圆形，顶端短尖，基部渐狭成短柄。聚伞花序密集，顶生；花无梗，花柱异长，花冠紫色或白色，喉部被密毛，冠檐开展，花期夏秋。

用途： 因花期持久，有粉红、绯红、桃红、白色等花色，适用于盆栽及布置花台、花坛及景观布置。

● 石蒜科（Amaryllidaceae）

朱顶红

拉丁名：*Hippeastrum rutilum*

英文名：Hippeastrum

分类地位：石蒜科孤挺花属

形态特征：鳞茎近球形，并有葡匐枝。叶 6~8 枚，花后抽出，鲜绿色，带形。花茎中空，稍扁，具有白粉；花 2~4 朵，花色丰富多彩，有粉红、红色、黄色、深红色等；佛焰苞状总苞片披针形；花梗纤细；花被管绿色，圆筒状，花被裂片长圆形，顶端尖，洋红色，略带绿色，喉部有小鳞片；雄蕊 6 枚，花丝红色，花药线状长圆形，柱头 3 裂。花期夏季。

用途：适于盆栽装点居室、客厅、过道和走廊。也可于庭院栽培，或配植花坛。也可作为鲜切花使用。

水鬼蕉

拉丁名： *Hymenocallis littoralis*

分类地位： 石蒜科水鬼蕉属

形态特征： 多年生鳞茎草本植物，叶顶端急尖，基部渐狭，深绿色，多脉，无柄。花茎扁平，佛焰苞状基部极阔；花茎顶端生花3~8朵，白色，无柄；花被管纤细，长短不等，花被裂片线形，通常短于花被管；杯状体（雄蕊杯）钟形或阔漏斗形，有齿；花杜约与雄蕊等长或更长。花绿白色，有香气。花期夏末秋初。蒴果卵圆形或环形，肉质状，成熟时裂开。种子为海绵质状，绿色。

用途： 观赏，可用于庭院布置或花径、花坛用材。又可药用。

文殊兰

拉丁名：*Crinum asiaticum*

中文别名：文珠兰、十八学士、翠堤花

分类地位：石蒜科文殊兰属

形态特征：多年生粗壮草本。鳞茎长柱形。叶 20~30 枚，多列，带状披针形，长可达 1 米，宽 7~12 厘米或更宽，顶端渐尖，具 1 急尖的尖头，边缘波状，暗绿色。花茎直立，几与叶等长，伞形花序有花 10~24 朵，佛焰苞状总苞片披针形；花高脚碟状，芳香；花被管纤细，绿白色，花被裂片线形，向顶端渐狭，白色或紫色。花期夏季。

用途：文殊兰被佛教寺院定为"五树六花"之一，故而在佛教国家广泛种植。是良好的观赏植物，可作园林景区、校园、机关的绿地及住宅小区的草坪的点缀，又可作庭院装饰花卉，还可作房舍周边的绿篱。

风雨花

拉丁名：*Zephyranthes grandiflora*

分类地位：石蒜科葱莲属

形态特征：多年生草本。鳞茎卵球形。基生叶常数枚簇生，线形，扁平。花单生于花茎顶端，下有佛焰苞状总苞，总苞片常带淡紫红色，下部合生成管；花玫瑰红色或粉红色，花被裂6片，裂片倒卵形，顶端略尖。花期春夏秋。

用途：常用作园林地被植物，也可作花坛、花径的镶边材料。全草干燥入药，有散热解毒、活血凉血的功能。

● 时钟花科（Turneraceae）

时钟花

拉丁名：Turnera ulmifolia

当地名：Yapese: sowur

Kosrae: alder

Pohnpei: kiepw

分类地位：时钟花科时钟花属

形态特征：常绿藤蔓植物，原产于南美洲热带雨林。叶卵形，顶端渐尖，叶缘呈锯齿状；叶互生，节间较短导致呈轮状。花冠黄色、白色，花瓣、萼片均为 5 片，雄蕊 5 条，花药条状。因花冠形状很像时钟上的文字盘，所以被称为"时钟花"。时钟花的花开花谢非常有规律。早上开晚上闭，因而得名。

用途：主要作为观赏花卉种植于道路、公园。

● 使君子科（Combretaceae）

使君子

拉丁名：*Combretum indicum*

分类地位：使君子科使君子属

形态特征：攀援状灌木，高 2~8 米；小枝被棕黄色短柔毛。叶对生或近对生，叶片膜质，卵形或椭圆形，先端短渐尖，基部钝圆，表面无毛，背面有时疏被棕色柔毛，幼时密生锈色柔毛。顶生穗状花序，组成伞房花序式；苞片卵形至线状披针形，被毛；具明显的锐棱角 5 条，成熟时外果皮脆薄，呈青黑色或栗色；白色，圆柱状纺锤形。花期初夏，果期秋末。

用途：极好的庭院观赏树木，主要用于篱笆及绿墙绿化。种子为中药中最有效的驱蛔虫药之一。

● 天南星科（Araceae）

红　掌

拉丁名：*Anthurium andraeanum*

分类地位：天南星科花烛属

形态特征：天南星科多年生常绿草本植物。茎节短；叶自基部生出，绿色，革质，全缘，长圆状心形或卵心形。叶柄细长，佛焰苞平出，卵心形，革质并有蜡质光泽，橙红色或猩红色；肉穗花序长 5~7 厘米，黄色，可常年开花不断。

用途：花烛花叶俱美，花期长，为优质的切花材料。可以吸收人体排出的废气（氨气、丙酮），也可以吸收装修残留的各种有害气体（甲醛等），同时可以保持空气湿润，避免人体的鼻黏膜干燥。

彩叶芋

拉丁名： *Caladium bicolor*

中文别名： 二色芋、花叶芋

分类地位： 天南星科五彩芋属

形态特征： 常绿草本植物，块茎扁球形。叶柄光滑，上部被白粉；叶片表面满布各色透明或不透明斑点，背面粉绿色，戟状卵形至卵状三角形。花序柄短于叶柄。佛焰苞管部卵圆形，外面绿色，内面绿白色、基部常青紫色；檐部凸尖，白色。肉穗花序，向两头渐狭。

用途： 彩叶芋可用于耐荫观赏植物，在气候温暖地区，也可在室外栽培观赏，但在冬季寒冷地区，只能在夏季应用在园林中。花叶芋的叶常常嵌有彩色斑点，或彩色叶脉，是观叶为主的地被植物。根可入药。

绿　萝

拉丁名：*Epipremnum aureum*

分类地位：天南星科麒麟叶属

形态特征：高大藤本，茎攀援，节间具纵槽；多分枝，枝悬垂。幼枝鞭状，细长；叶鞘长，叶片薄革质，翠绿色，通常（特别是叶面）有多数不规则的纯黄色斑块，全缘，不等侧的卵形或卵状长圆形，先端短渐尖，基部深心形。

用途：绿萝其缠绕性强，气根发达，叶色斑斓，四季常绿，长枝披垂，是优良的观叶植物，既可让其攀附于用棕扎成的圆柱、树干绿化上，摆于门厅、宾馆，也可培养成悬垂状置于书房、窗台、墙面、墙垣，也可用于林荫下做地被植物，是一种较适合室内摆放的花卉。可吸附杂质，净化空气。

● 梧桐科（Sterculiaceae）

密毛马松子

拉丁名： *Melochia villosisima*

分类地位： 梧桐科马松子属

形态特征： 半灌木状草本；枝黄褐色，略被星状短柔毛。叶薄纸质，卵形或披针形，边缘有锯齿，上面近于无毛，下面略被星状短柔毛。花排成顶生或腋生的聚伞花序；小苞片条形，混生在花序内；花瓣5片，白色，后变为淡红色，矩圆形。花期夏秋。

用途： 庭院观花植物。

● 五加科（Araliaceae）

南洋参

拉丁名：*Polyscias balfouiana*

中文别名：福禄桐、南洋森

分类地位：五加科南洋参属

形态特征：通常少分枝，叶互生，奇数羽状复叶，小叶叶数和叶形变化甚大，小叶卵圆形至披针形，边缘有锯齿或分裂，具短柄，叶片绿色。伞形花序成圆锥状，花小而繁，绿色。枝条柔软，叶为一回羽状复叶，小叶 2~4 对，卵形或近圆形，叶绿色，有光泽，叶缘白色。还有皱叶、五叶、栎叶、花边叶等品种。

用途：南洋参株形丰满，叶形、叶色富于变化，是良好的室内观叶植物，适应室内环境能力较强。

● 苋　科（Amaranthaceae）

鸡冠花

拉丁名： *Celosia cristata*

分类地位： 苋科青葙属

形态特征： 一年生草本，全体无毛；茎直立，有分枝，具有明显条纹。叶片卵形或披针形；花多数，极密生，成扁平肉质鸡冠状、卷冠状的穗状花序；花被红色、紫色、黄色、橙色或红黄相间。花期 7—9 月。

用途： 常种植在公园、庭院、花坛等作为观赏植物。花、种子可药用，作为收敛剂。

● 玄参科（Scrophulariaceae）

香彩雀

拉丁名：Angelonia salicariifolia
中文别名：天使花
分类地位：玄参科香彩雀属
形态特征：多年生草本花卉，植株高度约 30~70 公分，唇形花瓣，上方花瓣呈四裂，全年开花，以春、夏、秋季最为盛开，花色有紫、淡紫、粉紫、白等。蒴果，种子细小。

用途：可作花坛、花台，因其耐湿，也有人把它当作水生植物栽培。也可以为茶饮，一般是用来增加茶汤的色泽。

● 野牡丹科（Melastomataceae）

白花野牡丹

拉丁名：*Melastoma candidum*

分类地位：野牡丹科野牡丹属

形态特征：常绿灌木。叶对生，宽卵形，顶端急尖，基部浅心形，两面有毛，全缘。伞房花序，花两性，聚生于枝顶，白色。花期5—7月。

用途：野生，可用于道路及公园绿化。

地 菍

拉丁名：*Melastoma dodecandrum*

分类地位：野牡丹科野牡丹属

形态特征：披散或匍匐状半灌木茎分枝。叶对生，卵形或椭圆形，仅上面边缘和下面脉上生极疏的糙伏毛，主脉 3~5 条。聚伞花序，顶生，基部有叶状总苞；花两性，淡紫色。花期 5—7 月。

用途：热带常见的观赏植物，主要用于公园林下或河边片植。果可食，亦可酿酒；根可解木薯中毒。

● 玉蕊科（Lecythidaceae）

滨玉蕊

拉丁名： *Barringtonia racemosa*

分类地位： 玉蕊科玉蕊属

形态特征： 常绿小乔木植物，树皮开裂；小枝粗壮，有明显的叶痕；顶芽基部有少数至多数苞叶。叶常丛生枝顶，柄短，革质，全缘，托叶小，早落。穗状花序，较直立，总梗基部常有一丛苞叶；苞片和小苞片均早落；花芽球形；萼筒倒圆锥形，花开放时撕裂或环裂，裂片具平行脉；花瓣4片，雄蕊多数，花丝在芽中折叠，花药基部着生，常在芽中已纵裂，花柱单生。

用途： 优良的观赏花木，树姿优美，且具芳香。树皮纤维可做绳索，木材供建筑；根可退热，果实可止咳。

● 鸢尾科（Iridaceae）

黄绿拟鸢尾

拉丁名：*Trimezia martinicensis*

分类地位：鸢尾科鸢尾属

形态特征：多年生草本，形态与鸢尾基本一致，叶从基部根茎处抽出，剑形。呈扇形排列；花较小，从花茎顶端鞘状苞片内开出，金黄色，缀有红褐色斑纹。

用途：适应性良好，可盆栽于室内或种植在湿地、水边。

● 猪笼草科（Nepenthaceae）

猪笼草

拉丁名：*Nepenthes* sp.

分类地位：猪笼草科猪笼草属

形态特征：猪笼草指猪笼草全属植物。其拥有一个独特的汲取营养的器官——捕虫笼，捕虫笼呈圆筒形，下半部稍膨大，笼口上具有盖子，因其形状像猪笼而得名。具有总状花序，开绿色或紫色小花，叶顶的瓶状体是捕食昆虫的工具。瓶状体的瓶盖复面能分来泌香味，引诱昆虫。瓶口光滑，昆虫会被滑落瓶内，被瓶底分泌的液体淹死，并分解虫体营养物质，逐渐消化吸收。

用途：盆栽观赏植物。

● 竹芋科（Marantaceae）

银羽竹芋

拉丁名：*Ctenanthe setosa*

中文别名：刚毛竹芋

分类地位：竹芋科栉花芋属

形态特征：叶基生，具紫色长叶柄，近叶基为绿色；叶片椭圆形，端具突尖；叶银白色，叶脉两侧为绿色，叶背紫色。

用途：观赏价值高，可用于盆栽或公园林下片植，给人凉爽清新的感受。

● 紫葳科（Bignoniaceae）

炮仗花

拉丁名： *Pyrostegia venusta*

中文别名： 黄鳝藤

分类地位： 紫葳科炮仗藤属

形态特征： 藤本，具有 3 叉丝状卷须。叶对生；雄蕊着生于花冠筒中部，花丝丝状，花药叉开。子房圆柱形，密被细柔毛，花柱细，柱头舌状扁平，花柱与花丝均伸出花冠筒外。果瓣革质，舟状，内有种子多列，种子具翅，薄膜质。花期长。花色红色、橙红色。

用途： 多植于庭园建筑物的四周，攀援于凉棚上，花开状如鞭炮，故有炮仗花之称。

火焰木

拉丁名：*Spathodea campanulata*

当地名：火焰树、苞萼木

分类地位：紫葳科火焰木属

形态特征：火焰木为常绿乔木，株高 10~20 米，树干通直，灰白色，易分枝；叶为奇数羽状复叶，叶片椭圆形或倒卵形，全缘，小叶具短柄，卵状披针形或长椭圆形；花生于枝叶顶端，花冠呈钟形，花瓣为红色或者橙红色，单花长约 10 厘米，花聚成紧密的伞房式总状花序，看上去就好像是一团燃烧着的火焰，因而得名。蒴果长圆状棱形，果瓣赤褐色，近木质。种子有膜质翅。

用途：适应性强，耐修剪，喜萌发，作绿篱具有优势。

蕨类植物门
Pteridophyta

● 石杉科（Huperziaceae）

马尾杉

拉丁名： *Phlegmariurus phlegmaria*

中文别名： 垂枝石松

分类地位： 石杉科马尾杉属

形态特征： 中型附生蕨类植物。茎簇生，枝条细长下垂，长 15~60 厘米，枝有沟。叶近革质，螺旋状排列，斜展，有短柄，三角形至披针形。孢子囊穗与植株的不育下部有明显差别，囊穗细长，下垂，往往多回二叉分枝。

用途： 美丽的附生观赏蕨类。全草可药用。

● 石松科（Lycopodiaceae）

筋骨草

拉丁名： *Lycopodium japonicum*

中文别名： 铺地蜈蚣

分类地位： 石松科垂穗石松属

形态特征： 匍匐茎蔓生，分枝有叶疏生。营养枝多回分叉，密生叶，叶针形，先端有易脱落的芒状长尾；孢子枝从第二、第三年营养枝上长出，远高出营养枝。孢子叶卵状三角形，先端急尖而具尖尾，边缘有不规则的锯齿，孢子囊肾形，淡黄褐色，孢子同形。

用途： 作为观赏植物配置林缘、路旁。全草可入药。

● 叉蕨科（Aspidiaceae）

叉 蕨

拉丁名: *Tectaria* sp.

分类地位: 叉蕨科叉蕨属

形态特征: 根状茎粗壮，短横走至直立，顶部被鳞片；鳞片披针形，褐棕色。叶簇生，叶片通常为三角形，一回羽状至三回羽裂，叶草质或近膜质。孢子囊群通常圆形。

用途: 观赏蕨类，可用于盆栽或切叶。

● 肾蕨科（Nephrolepidaceae）

肾　蕨

拉丁名：*Nephrolepis cordifolia*

分类地位：肾蕨科肾蕨属

形态特征：根状茎直立，被蓬松的淡棕色长钻形鳞片。叶簇生，叶片线状披针形或狭披针形，一回羽状，羽状多数，互生，常密集而呈覆瓦状排列，叶脉明显，侧脉纤细。孢子囊群成1行位于主脉两侧，肾形。

用途：普遍栽培的观赏蕨类，可盆栽或种植于林下，亦可作为切叶产品。块茎可食用、药用。

毛叶肾蕨

拉丁名：*Nephrolepis hirsutula*

分类地位：肾蕨科肾蕨属

形态特征：根茎短而直立，被黑褐色、披针形鳞片。叶簇生，灰褐色，被鳞片，叶片阔披针形或长圆状披针形，一回羽状，羽片 20~45 对，彼此不覆盖，互生，近无柄。孢子囊群圆形。

用途：观赏蕨类，常地栽于林下。

尖叶肾蕨

拉丁名：*Nephrolepis acutifolia*

分类地位：肾蕨科肾蕨属

形态特征：根茎短而直立，被黑褐色、钻形鳞片。叶簇生，灰褐色，被鳞片，叶片披针形，一回羽状，羽片30~60对，彼此间隔较远，互生，近无柄。孢子囊群圆形。

用途：观赏蕨类，主要于公园林下及树上附植。

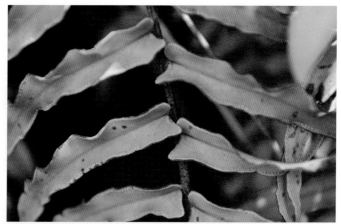

长叶肾蕨

拉丁名：*Nephrolepis biserrata*

分类地位：肾蕨科肾蕨属

形态特征：根状茎短而直立，披针形鳞片，红棕色；根状茎生有匍匐茎，叶簇生，柄坚实，上面有纵沟，叶片狭椭圆形，一回羽状，羽片互生，偶有近对生，叶薄纸质或纸质，两面均无毛。孢子囊群圆形。

用途：常被栽植于庭院供观赏用。

● 铁角蕨科（Aspleniaceae）

鸟巢蕨

拉丁名：*Asplenium nidus*

分类地位：铁角蕨科巢蕨属

形态特征：多年生阴生草本观叶植物。植株高 80~100 厘米，根状茎直立，粗短，木质，粗约 2 厘米，深棕色，先端密被鳞片；鳞片阔披针形，长约 1 厘米，先端渐尖，全缘，薄膜质，深棕色，稍有光泽。

用途：可作为营造热带风情的标志性植物用于盆栽、地栽或附着在树干、石头上，也可用作切叶。有强壮筋骨、活血祛瘀的药用价值。

● 骨碎补科（Davalliaceae）

骨碎补

拉丁名：*Davallia mariesii*

分类地位：骨碎补科骨碎补属

形态特征：附生蕨类植物。根状茎长而横走，鳞片阔披针形或披针形，叶远生，叶柄深禾秆色或带棕色，叶片五角形，四回羽裂；羽片对生或近对生，有短柄，斜展，裂片椭圆形，孢子囊群生于小脉顶端，囊群盖管状，先端截形，褐色，厚膜质。

用途：常作为庭院观赏及盆栽蕨类。根状茎药用，有坚骨、补肾之效。

大叶骨碎补

拉丁名： *Davallia divaricata*

中文别名： 华南骨碎补、高砂骨碎补、凤尾草、马尾丝、硬骨碎补、木石鸡

分类地位： 骨碎补科骨碎补属

形态特征： 附生蕨类植物。根茎粗壮，横生，连同叶柄基部密被亮棕色、披针形鳞片，边缘有微齿。叶片三角形，先端渐尖并为羽裂，先端以下四回羽状或

五回羽裂。孢子囊群多数，生于上部分叉小脉的基部，沿末回裂片每齿上各有1个；囊群盖盅形，先端截形，有金黄色光泽。

用途： 常作为庭院观赏蕨类。根状茎药用，有坚骨、补肾之效。

● 书带蕨科（Vittariaceae）

书带蕨

拉丁名：*Vittaria ophiopogonoides*

形态特征：根状茎横走，密被鳞片；鳞片黄褐色，具光泽，钻状披针形。叶柄短，纤细，下部浅褐色，基部被纤细的小鳞片；叶片线形，薄草质，叶边反卷，遮盖孢子囊群。孢子囊群线形，生于叶缘内侧，位于浅沟槽中。孢子长椭圆形，无色透明，单裂缝，表面具模糊的颗粒状纹饰。

用途：热带观赏蕨类。

长叶书带蕨

拉丁名：*Vittaria taeniophylla*

分类地位：书带蕨科书带蕨属

形态特征：根状茎短，横走；鳞片浅褐色，钻状。叶簇生，无柄。叶近革质。孢子囊群线几为表面生，或至多生于略下陷的浅沟中。

用途：热带观赏蕨类。

● 水龙骨科（Polypodiaceae）

星　蕨

拉丁名： *Microsorium punctatum*

分类地位： 水龙骨科星蕨属

形态特征： 根状茎短而横走，粗壮，有少量的环形维管束鞘，多为星散的厚壁组织，根状茎近光滑而被白粉，密生须根，疏被鳞片。叶近簇生；叶柄粗壮，短或近无柄，叶片阔线状披针形，顶端渐尖，基部长渐狭而形成狭翅。孢子囊群橙黄色，一般生于内藏小脉的顶端。孢子豆形，周壁平坦至浅瘤状。

用途： 观赏植物。可药用。